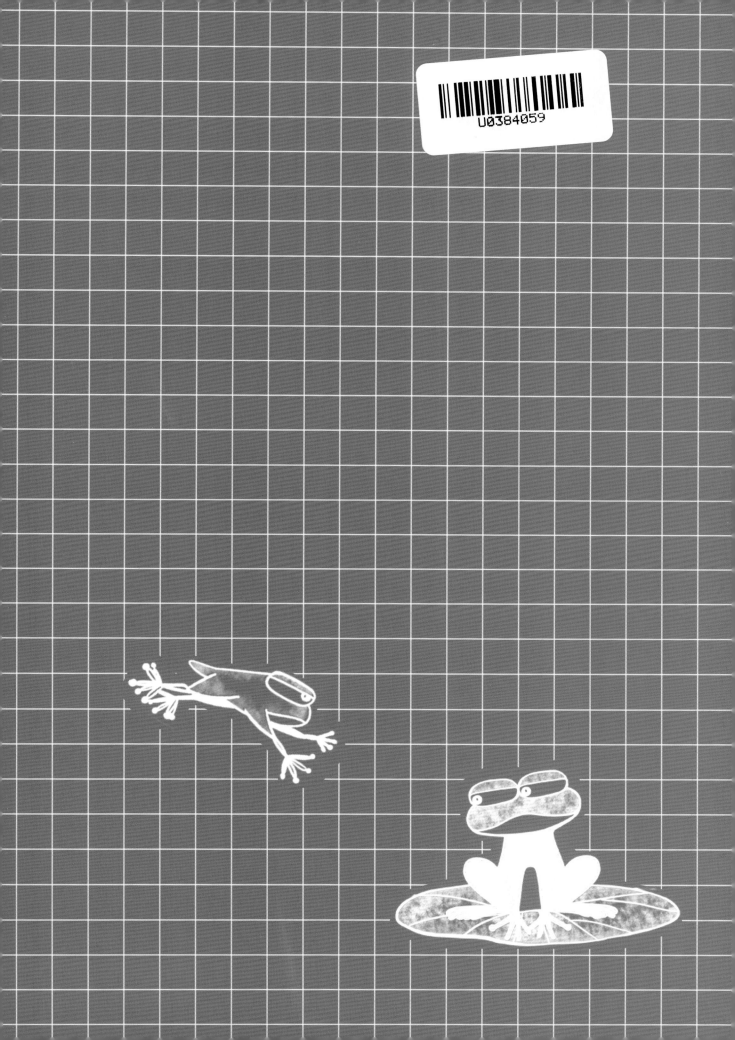

咦？我们到底从哪里来？

"神奇生物"系列

● 王海媚 李至薇 编著

海豚出版社
DOLPHIN BOOKS
中国国际出版集团

新世界出版社
NEW WORLD PRESS

神奇生物探秘之旅

　　阅读不只是读书上的文字和图画，阅读可以是多维的、立体的、多感官联动的。这套"神奇生物"系列绘本不只是一套书，它提供了涉及视觉、听觉多感官的丰富材料，带领孩子尽情遨游生物世界；它提供了知识、游戏、测试、小任务，让孩子切实掌握生物知识；它能够激发孩子对世界的好奇心和求知欲，让亲子阅读的过程更加丰富而有趣。

　　一套书可以变成一个博物馆、一个游学营，快陪伴孩子开启一场充满乐趣和挑战的神奇生物探秘之旅吧！

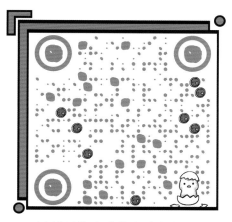

这就是探索生物秘密的钥匙，
请用手机扫一扫，立刻就能获得。

生物小百科

书里提到一些生物专业名词，这里有既通俗易懂又不失科学性的解释；关于书中介绍的神奇生物，这里还有更多有趣的故事。

生物相册

书中讲了这么多神奇的生物，想看看它们真实的样子吗？想听听它们真实的声音吗？来这里吧！

趣味测试

读完本书，孩子和这些神奇生物成为朋友了吗？让小小生物学家来挑战看看吧！

走近生物

每本书都设置了小任务，可以带着孩子去户外寻找周围的动植物，也可以试试亲手种一盆花，让孩子亲近自然，在探索中收获知识。

生物画廊

认识了这么多神奇生物，孩子可以用自己的小手把它们画出来，尽情发挥自己的想象力吧！

生命从哪里来？
从天上来？
从地下来？
从水里来？
还是，从妈妈的怀里来？

生物小百科

绘本中提到的生物学知识，一
扫便知，指导孩子不费事。

　　小朋友，你看到过刚出生的小鸡从蛋壳里钻出来吗？你知道动物和植物都是怎么出生的吗？

　　我好想知道，小动物们都是从哪里来的？小树宝宝又是从哪里来的？还有，我是从哪里来的？

卵 生

　　卵生动物是在妈妈产下卵（蛋）之后，自己在卵里边发育长大的。

　　但是别担心，卵生宝宝也会受到悉心的照顾。

　　有些卵生动物的妈妈或者爸爸，会用体温孵化产下的蛋，直到宝宝破壳而出。

　　卵生动物发育所需要的营养，都可以从卵里面获得。

　　一般的鸟类、大部分的鱼类和昆虫都是卵生动物，小虾和小螃蟹也是卵生动物哟。

会变魔术的卵生动物

　　有些卵生动物宝宝还会变魔术，会从一颗小小的卵开始，不停地变换模样。

　　我们熟悉的蝴蝶和青蛙就有这种神奇的能力。

　　蝴蝶会经历卵、幼虫、蛹和成虫四个阶段，也就是卵、毛毛虫、蛹和蝴蝶四种状态。

　　青蛙的卵会变成蝌蚪，然后长出后腿、前腿，最后尾巴消失，就长成青蛙了。

　　自然界真是太神奇了！

　　卵在妈妈的肚子里完成发育后才生出来的动物叫卵胎生动物。

　　比起卵生动物，卵胎生动物妈妈对宝宝的保护更周到。

　　有些鱼类和爬虫类动物是卵胎生动物，比如孔雀鱼、田螺和蝎子。

　　刚出生的孔雀鱼宝宝，肚子上还带着小卵黄，里面是没有被完全吸收的营养。

　　如果出生在食物不够的环境里，小宝宝们就可以凭借这些营养继续成长啦。

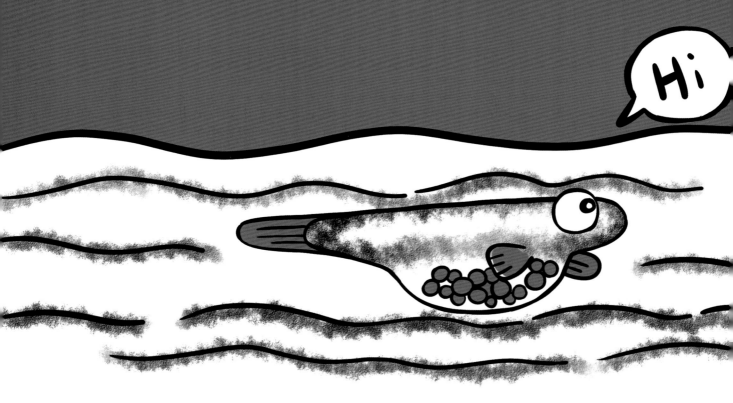

胎　生

　　胎生是指宝宝在妈妈的肚子里发育成熟后，才从妈妈的肚子里生出来。

　　在整个发育过程中，胎生动物的妈妈会一直给宝宝提供营养，并且可以更好地保护宝宝的安全。

　　很多动物都是胎生的，比如小狗、大熊猫、海豚和蝙蝠。

　　还有，一定要记得啊，我们人类也是胎生的！

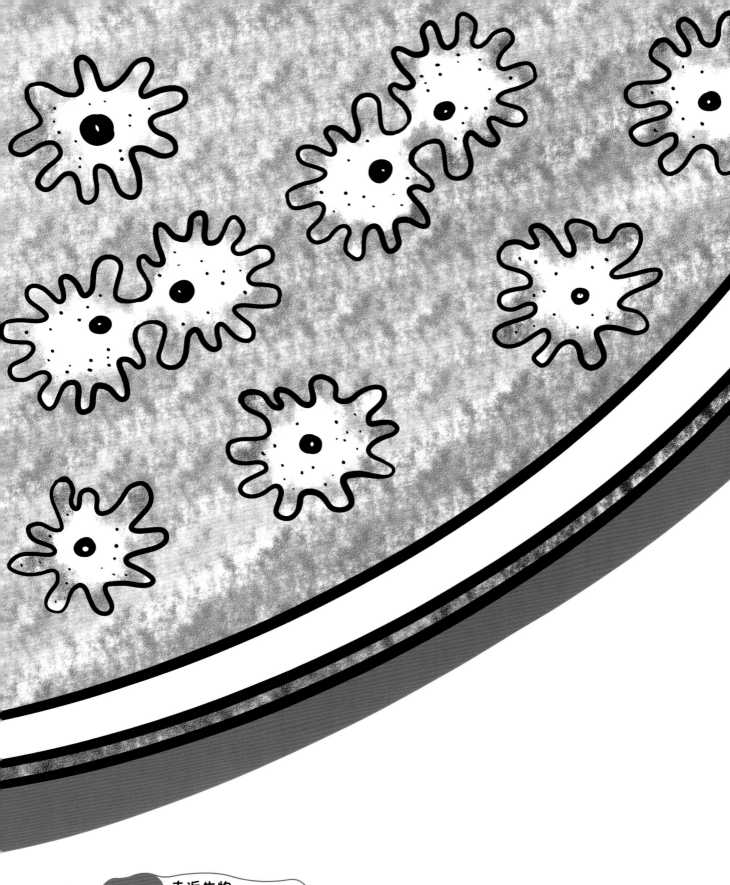

 走近生物
爸妈带孩子亲近大自然，
去自然界中观察生物。

上面说到的是动物常见的出生方式，在神奇的大自然中，还有很多生物，它们的繁殖方式也非常有趣。

让我们一起来简单地了解一下吧。

分裂生殖

分裂生殖就是原来的生物由一个变成了两个，大小和样子都差不多一模一样。

草履虫、变形虫和细菌都是这样繁殖的。

出芽生殖

出芽生殖就是在原来的生物体上长出一个小小的芽体，芽体长到跟妈妈一模一样的时候就会脱落下来，变成新的个体。

蒸馒头、烤面包用的酵母菌就属于出芽生殖。

断裂生殖

　　断裂生殖是指原来的生物体断为两段或几段，然后每段发育成一个新个体。

　　涡虫、珊瑚和海星都属于这种繁殖方式。

　　其实，有很多植物也可以"断裂生殖"。

孢子生殖

　　有的生物可以产生一种叫作孢子的细胞。

　　就像种子一样，离开妈妈后遇到合适的环境就会长成新的个体。

　　很多蘑菇就属于孢子生殖。

有些植物的枝条可以生根。

将枝条压在土里，等到生根之后，将带根的枝条切断，可以长成一株新的植物。

玫瑰、连翘都有这种神奇的本领。

扦插繁殖

有些植物像动物一样有再生的能力。

将它们的根、茎、叶分离开，就可以长成新的个体。

绿萝和落地生根都是这样的再生能手！

嫁接繁殖

嫁接繁殖就是把一种植物的枝条或芽，接到另一种植物的身体上去，让它获得两种植物的优点。

比如，嫁接的苹果梨形状像苹果，果肉嚼起来像梨，吃起来的味道有点儿像苹果也有点儿像梨。

我们在商店里看到的花花绿绿的仙人球，也是嫁接而成的。

种子繁殖

种子繁殖是植物中最常见的。植物结出种子，再由种子长出新的植物。

世界上有各种各样的种子。

能吃的玉米、花生是种子，调味的花椒是种子，会飞的蒲公英是种子，能钩住衣服的苍耳是种子，去了棕的硬壳椰子也是种子，而且是世界上最大的种子！

真是神奇！你见过多少种不同的种子呢？

种子的旅行

聪明的植物妈妈会用各种办法将自己的种子散播出去。

有的植物会长出美味的浆果，采食的小鸟会把它的种子带到远方。

有的植物种子有绒毛或"翅膀"，风会把它们吹到远方。

有的植物种子有"钩子"，动物的皮毛会把它们携带到远方。

有的植物种子会漂浮，它们会跟着水花漂流到远方。

植物妈妈的爱

说了这么多出生的方式，再来说一种特别的植物。

在我们中国有一种海滩红树，是一种像"胎生"的树。植物像"胎生"，这是怎么回事儿呢？

原来，它的种子会直接在树上萌发，直到长成 20 厘米到 40 厘米长的小树之后，才会落地生根。

这种像"胎生"的方式，充满了植物妈妈对小树宝宝的爱。

因为，如果不是这样，种子可就要被海浪冲走了。

原来，世界上的生物有这么多有趣的出生方式啊！

有的复杂，有的简单，有的还有些神奇。

最重要的是，不管是动物妈妈还是植物妈妈，都对自己的孩子充满了爱。

它们会选择最智慧的方式，让自己的宝宝更好地适应这个世界。

我们每个人在出生时，都带着妈妈满满的爱哟！

趣味测试
绘本介绍的生物知多少？
让小朋友来回答吧。

咦？我们到底从哪里来的？
哎呀，好多种子啊！
玉米我认识，椰子我吃过。
让我来画一画。
沿着虚线描一描，再涂个漂亮的颜色。
我是个聪明的小画家！

生物画廊
喜欢的生物还可以
动手把他们画出来。

图书在版编目（ＣＩＰ）数据

咦？我们到底从哪里来？／王海媚，李至薇编著
.--北京：海豚出版社：新世界出版社，2019.9
ISBN 978-7-5110-4016-9

Ⅰ.①咦… Ⅱ.①王… ②李… Ⅲ.①生命科学－儿
童读物 Ⅳ.① Q1-0

中国版本图书馆 CIP 数据核字 (2018) 第 286297 号

咦？我们到底从哪里来？
YI WOMEN DAODI CONG NALI LAI
王海媚　李至薇　编著

出 版 人　王　磊
总 策 划　张　煜
责任编辑　梅秋慧　张　镛　郭雨欣
装帧设计　荆　娟
责任印制　于浩杰　王宝根
出　　版　海豚出版社　新世界出版社
地　　址　北京市西城区百万庄大街 24 号
邮　　编　100037
电　　话　(010)68995968（发行）　(010)68996147（总编室）
印　　刷　小森印刷（北京）有限公司
经　　销　新华书店及网络书店
开　　本　889mm×1194mm　1/16
印　　张　2
字　　数　25 千字
版　　次　2019 年 9 月第 1 版　2019 年 9 月第 1 次印刷
标准书号　ISBN 978-7-5110-4016-9
定　　价　25.80 元

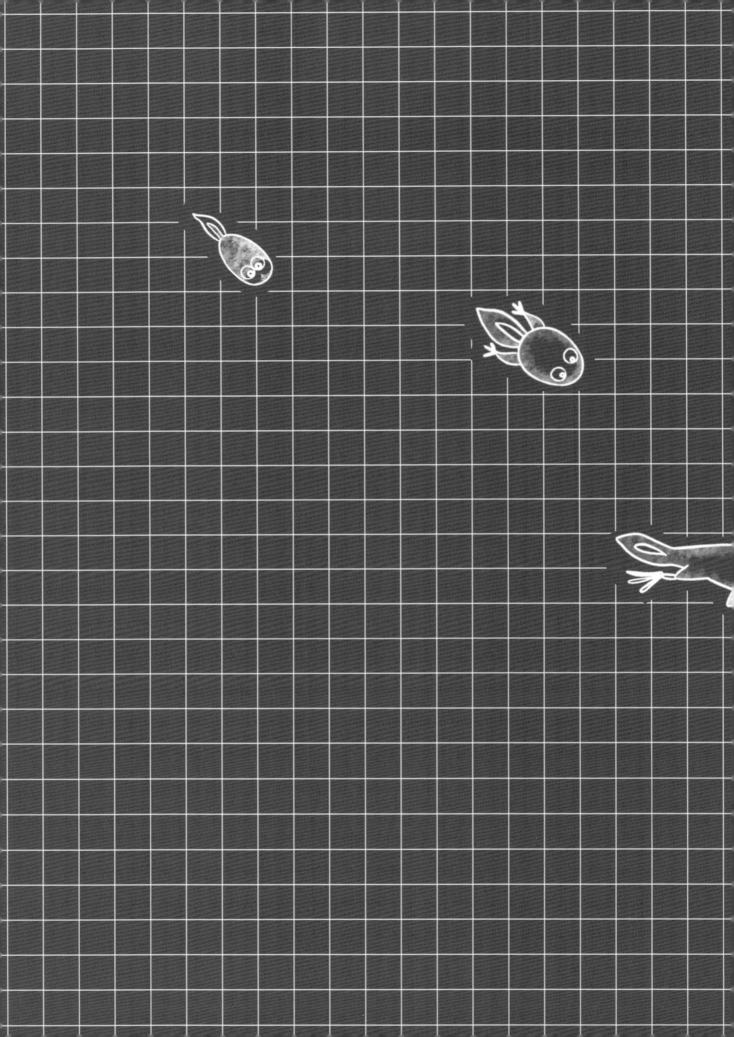